韩式绝美
香氛蜡烛与
扩香

梁倩怡　著

黑龙江科学技术出版社
HEILONGJIANG SCIENCE AND TECHNOLOGY PRESS

黑版贸审字 08-2020-109

图书在版编目（CIP）数据

韩式绝美香氛蜡烛与扩香 / 梁倩怡著 . —— 哈尔滨：
黑龙江科学技术出版社，2021.1
ISBN 978-7-5719-0778-5

Ⅰ . ①韩… Ⅱ . ①梁… Ⅲ . ①蜡烛－手工艺品－制作
Ⅳ . ① TS973.5

中国版本图书馆 CIP 数据核字 (2020) 第 212686 号

韩式绝美香氛蜡烛与扩香
HANSHI JUEMEI XIANGFEN LAZHU YU KUOXIANG

作　　者　梁倩怡
责任编辑　徐　洋　　罗　琳
封面设计　佟　玉
出　　版　黑龙江科学技术出版社
地　　址　哈尔滨市南岗区公安街 70-2 号
邮　　编　150007
电　　话　（0451）53642106
传　　真　（0451）53642143
网　　址　www.lkcbs.cn
发　　行　全国新华书店
印　　刷　雅迪云印（天津）科技有限公司
开　　本　710mm×1000mm　　　1/16
印　　张　13.5
印　　数　1-3000 册
字　　数　150 千字
版　　次　2021 年 1 月第 1 版
印　　次　2021 年 1 月第 1 次印刷
书　　号　ISBN 978-7-5719-0778-5
定　　价　68.00 元

　　两年前 Jenny 来到花艺室上课时，从她的作品中就流露出独特的美感和气质。让我印象深刻的是，上课期间因她的两个孩子都还是黏人的年纪，她经常急着要去接孩子下课或孩子生病无法来上课，即便如此，这些都没有影响她对花草的热爱，她甚至会主动要求学习更多与花艺有关的知识。

　　在通过德国花艺证照的考试时，Jenny 曾说从小母亲就对她很严格，期望也很大，但她并不是家中成绩最好、最聪明的孩子，却因为花艺而让母亲以她为荣，对她而言，这是无比珍贵的称赞。

　　之后，她又进修韩式蜡烛的课程，将花艺技法展现在蜡烛的设计中，不断尝试新的素材，变化出自己独特的风格，如今 Jenny 不但拥有自己的花店和花艺教室，她还要出书了。这些丰硕的成果，真的让我为她的努力而感到骄傲。

　　祝福 Jenny 在"花花世界"里，继续快乐地创作出更多美好的作品！

花艺室花艺教师
德国 BWS 花艺学院专业花艺教师

曹齐敏

推荐序

　　我认识的 Jenny 相当聪颖又极具艺术天分，关于蜡烛的创作不仅一点就通，还经常可以加以发挥应用。

　　Jenny 有很棒的审美观，每次看到 Jenny 的新作品都十分令人惊艳，因为能把蜡烛和鲜花结合在作品里，是件相当不容易的事。两个月前，听说 Jenny 正在撰写关于蜡烛艺术的书。相信 Jenny 对于蜡烛艺术的热忱，一定会让 Jenny 成为这个圈子的佼佼者。

　　我很期待，并希望能尽早翻阅这本充满 Jenny 的智慧、艺术理念及热忱的书。恭喜新书出版，并祝福 Jenny 未来一切顺遂。

Instructor of TSSA, Candleworks

Secret Garden 社长

Hannah Jung

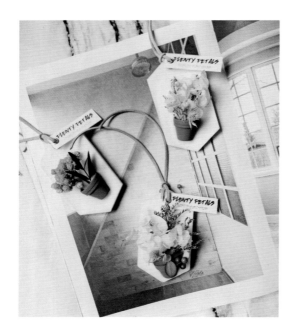

　　其实我从未想过自己会成为某个领域的老师，当初会踏入花艺圈的关键是因为我母亲。从小我就不是一个擅长读书的小孩，连大学也不知道自己要念什么。不过当时一个人在美国，老师非常鼓励我找到自己的兴趣，也因为我有一位很优秀的艺术老师，启蒙了我的艺术天分，带领我在这个领域去创作更多有关艺术的作品。

　　一直以来，我都对花艺非常感兴趣，但平常只是胡乱摸索，直到 2017 年，我母亲跟我说她想学做花艺，才因此展开了我花艺的路程。我一开始也是什么都不懂，只是跟着几位老师学过几次花艺课程跟生活花艺。接着我就直接带着母亲去花市寻找花材，母亲成了我第一个花艺的学生。后来我们将成品的照片上传到网络上，收到许多朋友的回应，他们希望我开班授课，就这样我又开始了第二堂的花艺课程。

　　当时我觉得应该要接收更多花艺相关的专业知识，因此找到我的花艺启蒙老师——曹齐敏老师，也开始前往韩国学习韩式花艺，后来再接触到韩式蜡烛，才发现原来蜡烛有这么多学问，同时也能结合花艺来创造美丽的香氛蜡烛。以前我从未发现蜡烛有这么多专业知识，像容器的大豆蜡跟柱状的大豆蜡原来是不同的，按软硬度有区分；不同品牌的大豆蜡会有不同的熔点跟温度。第一次接触蜡烛后，我买了各种书回家钻研，机缘巧合下，在韩国认识了帮我许多忙的韩国香氛蜡烛老师 Hannah，我们常常通过网络交流信息，有时候我遇到瓶颈时，她也会一一跟我讨论，其实做蜡烛不见得一定会成功，但我们可以在失败的过程中汲取许多经验。我们会因为当时的温度跟气候，改变做蜡烛的配方比例，Hannah 常常告诉我，没有绝对的配方，只有没成功的作品。

谢谢 Hannah 与曹老师对我无私的分享与照顾。所以我也会将所学的知识分享给我的学生。

也许是摩羯座要求完美的个性，我对所有的包装设计都非常严谨，希望学生带回家的作品都具有独一无二的美。因为自己是学广告设计出身，所以我也开始设计自己的 logo、包装等，希望能将更完整的成品呈现给大家。

很感谢我亲爱的朋友们一路支持我，最后还是要感谢我的母亲跟先生，不论何时他们都支持我的决定并帮助我。

Plenty Petals 欧式花艺 *Jenny*

Contents

Chapter One
基本蜡烛的认识

Chapter Two

天然大豆蜡
香氛蜡烛

Chapter Three

天然花草
香氛蜡烛与蜡片

Contents

Chapter Four
手作拟真
造型蜡烛

专栏

关于
蜡烛

Chapter One
基本蜡烛的认识

🔥 天然蜡与人工蜡的
种类与特色

我以前以为蜡烛只有一种，只要香就好了，并不知道原来蜡也分天然蜡跟人工蜡。因为随着时间的变化，大家逐渐意识到天然蜡是无毒、无害的，比起人工蜡更适合摆放在家里闻香。人工蜡在书中多半都是以造型独特为主。

天然蜡的种类与特色

天然蜡有三种，其中天然蜡都是从天然大豆或蜂窝中提炼而成的大豆蜡、蜂蜡，还有从棕榈果提炼的天然材料，制作而成的棕榈蜡。

·大豆蜡（Soy Wax）：

大豆蜡是100%大豆提炼而成，是环保的，可自然分解，而且燃烧的时候不会产生黑烟跟不良的味道。因为大豆蜡并不会有黑烟问题，天然无毒无害，所以我们会经常利用大豆蜡制作容器蜡烛。制作容器蜡烛时，我们会使用软一些的大豆蜡；相对在制作柱状蜡烛的时候，会使用稍微偏硬的大豆蜡，偶尔还会添加蜂蜡来增加蜡烛的硬度跟光泽度。大豆蜡比石蜡可以多燃烧30% ~ 50%。

目前大豆蜡有三大品牌，Golden、Ecosoya 跟 Nature。我比较常使用 Golden 的蜡制作容器蜡烛，Ecosoya 的 Pillar Wax 则运用在柱状蜡烛。品牌不一样，熔点、颜色相对也会有些不同哦！目前只有 Golden 跟 Ecosoya 这两个品牌推出了柱状蜡。我自己比较喜欢 Ecosoya，因为它的收缩率比 Golden 的大，相对来说也比较容易脱模。

Tips

一定要掌握好不同品牌蜡的温度，温度是制作蜡烛的关键。在添加香精油或植物精油时的温度，对扩香效果也会有很大的影响，所以必须确认蜡的温度后，再添加适当的精油。还有蜡液在倒入模具时，容器的温度也非常重要。

如果蜡凝固后发现表面不平滑，出现了凹陷、裂缝，都必须要补平。可尝试用热风枪加热，熔掉表面的蜡，让蜡再次凝固，使表面平滑。我通常会直接倒入第二次的蜡液，覆盖表面的凹陷、裂缝。切记倒入第二次蜡液时，不要添加任何精油去破坏大豆蜡的本质，以免造成表面再次变得不平滑。

大豆蜡的种类

大豆蜡品牌	Golden 464 Soy Wax	Ecosoya Pilliar Bean	Nature C-3
用途	容器用	柱状脱模用	容器用
熔点	48.3℃	54.4℃	55℃
燃点	315℃以上	233℃以上	315℃以上
添加精油比例	精油比例不可超过12%，因为精油放太多会造成蜡烛产生黑烟跟火花。 香精油建议添加比例：5%～7% 植物精油建议添加比例：7%～10%		
添加精油的温度	78℃	78℃	75～85℃
入模的温度	65～70℃	65～75℃	71℃
特色	＊凝固后容易产生裂缝、凹陷，再倒入第二次。倒入第二次时，请不要添加任何精油。 ＊燃烧时不会产生黑烟。 ＊外表光滑不具透明感。 ＊凝固的时间相对比较慢，不过扩香效果很好，而且燃烧时火花也小。	＊良好的收缩率，并且容易脱模。 ＊燃烧时不会产生黑烟。 ＊外表呈现光滑的乳白色。 ＊不用搭配蜂蜡也能自己成功脱模。	＊表面光滑。 ＊适合用来挤花时做装饰。

· 蜂蜡（Bee Wax）：

　　蜂蜡是从蜂巢提炼出来的蜡，又称为蜜蜡。它加热后除掉杂质就可以使用。蜂蜡是 100% 天然提炼出来的，本身具有淡淡的蜂蜜香气，所以不建议再添加精油。蜂蜡的黏稠性很高，也是天然蜡里最贵的蜡。蜂蜡分为两种，一种是精制过的白色蜂蜡，另一种是非精制过的黄色蜂蜡。白色精制过的蜡可以混合大豆蜡来使用，让柱状蜡更好脱模。它的燃烧时间长，而且几乎没有黑烟。

·棕榈蜡（Palm Wax）：

　　棕榈蜡是从棕榈果里提炼出来的一款天然蜡，它非常有趣，凝固后会制造出像雪花、冰块和羽毛般的结晶体。结晶的状况会因倒入容器时，不同的温度而改变。如果希望结晶多些，倒入模具的温度可以控制在 88 ~ 98℃，温度越高结晶体会越多。在 66 ~ 70℃就不会产生结晶。

人工蜡的种类与特色

人工蜡是由石油提炼出来的石蜡、矿物质和聚合物制作而成的。近年来，很多报告指出石蜡可能含有一些影响人体的有害物质，所以这几年，天然蜡才又开始慢慢受到重视。

·石蜡（Paraffin Wax）:

石蜡的质地会比天然蜡坚硬，具有半透明感，也可以加入添加物让蜡烛变白。石蜡分为三种：一般石蜡、低温石蜡跟高温石蜡。

石蜡	一般	低温	高温
熔点	60℃左右	52℃左右	69℃左右

石蜡会因为倒入模具温度较高，所以收缩现象会比天然蜡更为明显。因为加热所以分子会膨胀，而温度下降，分子就会循环为原本的样子，中间最慢凝固因此会产生收缩现象，温度越高收缩现象就越严重。因为大部分蜡烛收缩都在蜡烛底部，所以我们会倒入第二次蜡液去填平收缩，以致出现明显痕迹。

· 果冻蜡（Jelly Wax）：

　　果冻蜡质地非常 Q 软、有弹性。果冻蜡是由矿物油（Mineral Oil）和聚合物（Polymer）调和至一定比例后，加热制作而成的矿物蜡。果冻蜡熔点较高，燃烧的时间一般也会比石蜡长，因为果冻蜡熔点高，所以不建议添加香料。果冻蜡有它自己专用的香料，不能与一般的精油一起使用，一旦加入了精油，果冻蜡就会变得浑浊、不透亮。

Tips

　　石蜡一旦加入白色添加物后，一般很难分辨蜡烛本身是天然蜡还是人工蜡。大家可以先试着燃烧蜡烛看看，如果蜡烛燃烧后产生许多黑烟，那蜡烛多半是人工蜡制造而成的。

　　如果蜡凝固后发现表面不平滑、有凹陷、裂缝，我们都必须要把缺陷补平。通常会运用以下两种方法：

　　1. 可利用热风枪的热度稍微把表面加热，让表面再次熔化、凝固成平滑表面。

　　2. 在凝固后，可加入少量的蜡液来盖住蜡烛的凹陷或裂缝，倒入第二次蜡液时，请记得不要再加入任何精油。

香氛剂与扩香材料介绍

·扩香石

扩香石具有扩香、除湿、除臭的功能，一般都比较受欢迎。扩香石是利用石膏粉、水、精油跟乳化剂制造而成的，因为石膏表面有很多毛细孔，当扩香石味道变淡后，我们可以再次加入精油让扩香石再度扩散香味。扩香石可以添加精油的比例为5%～10%。

·扩香基底油

扩香基底油是由水跟酒精调和而成的基底剂，加入精油搅拌放置2个星期左右，再把扩香竹签插入玻璃瓶中，因为香气会透过扩香竹签吸收后，达到扩香效果。

🔥 工具介绍

·加热器

加热器可以调节温度大小（1～5℃）。也可以用电磁炉或隔水加热的方式，不过隔水加热的方式，蜡无法达到100℃以上。

·不锈钢杯

用来熔化蜡，导热性佳，且耐热。用搅拌机打时，比较不容易喷溅。

·烛芯固定器

在等待液体蜡凝固时，帮助烛芯能固定在蜡烛的中间位置。避免烛芯没有置中。也可以拿竹筷代替固定器。

·电子秤

我们常常需要用电子秤来测量蜡跟精油的量，选择可精细测量至0.1g的电子秤为佳。

·温度计／温度枪

用来测量蜡液温度时使用，一般我喜欢使用方便的电子温度计。

·热风枪

当要清洁模具或钢杯等工具时，可以用热风枪加热熔化来清洁，也能稍微重新塑型蜡烛的表面。

· 烛芯剪

在点燃蜡烛前，烛芯都必须保持在 0.5 ~ 0.8 厘米高。

· 硅胶刮刀

适合在制作蛋糕蜡烛时进行搅拌。

· 模具

模具有很多种类，如硅胶、铝、亚克力等，而且它们都有很多不同的形状或大小。

· 黏土

黏土可以用来堵住模具上置放烛芯的洞口，避免在倒蜡的过程中蜡液从洞口流出。

· 长汤匙

这种较长的汤匙适合用来搅拌混合材料。

· 蜡烛打火机

要挑选火管比较长的，这样比较容易点燃容器里的烛芯，使用上比较方便。

· 灭灯罩

将其盖住烛芯让烛芯隔绝空气来熄灭蜡烛。

· 穿洞器

当蜡已经凝固而我们又忘记在蜡的中间留洞时，就可以利用穿洞器用热风枪加热，利用温度慢慢把蜡中间熔掉，达到穿刺效果。

🔥 香氛精油的选择

精油有两种，一种是 100% 天然植物精油（Essential Oil），另一种是化合香精油（Fragrance Oil）。天然植物精油有芳疗功效。不过天然植物精油的香氛效果并不持久，而且价格也相对昂贵。不同品牌出产的精油都会有差别，建议大家在选购精油的时候，可以先看一下品牌的精油原产地在哪里，以原产地在法国或美国的为佳。

> *Tips*
>
> 在制作蜡烛的过程中，精油的添加比例不能超过 12%，如果加入过多的精油会产生黑烟，而且还会有火花的问题。天然精油最为适合添加的比例为 7%～10%，化合香精油适合添加的比例为 5%～7%。添加植物精油最佳的温度为 55℃，化合香精油为 65～75℃，如果温度过高会让精油挥发得过快，精油一旦加入蜡里，就要迅速搅拌均匀。

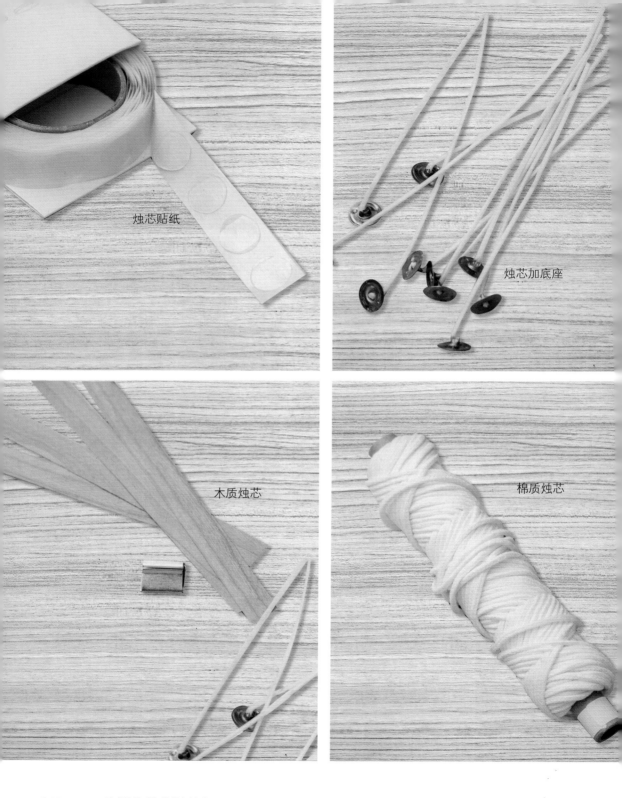

烛芯贴纸

烛芯加底座

木质烛芯

棉质烛芯

🔥 蜡烛烛芯的种类

蜡烛烛芯（Wick）一直扮演着很重要的角色，它是整个蜡烛唯一的烛光，也是唯一连接蜡烛燃点的媒介。烛芯有三种不同的材质，棉质烛芯（Cotton Wick），环保烛芯（ECO Series Wick）以及木质烛芯（Wooden Wick）。选择烛芯时，烛芯的大小和粗细很重要。如果烛芯太细，它只会燃烧中间位置，最后会因为蜡过多而造成烛芯被蜡覆盖灭掉；如果烛芯过粗，就会造成蜡烛燃烧过快。所以在选择烛芯时，一定要测量模具或容器的直径大小来决定烛芯的粗细。

对于应该选择哪一种烛芯，我的建议是，既然天然蜡无黑烟，那么在烛芯的选材上就可以挑选 ECO Series 无烟系列。如果想营造温暖或质感更强烈的风格，则可以选择木质烛芯。

熔蜡技巧与
蜡烛清洁保养

测量蜡的分量，倒入钢杯中，置放在加热器上加热。建议从中度开始，等待蜡熔到85℃左右即可关火，利用加热器的余温跟蜡本身的温度，把剩下还没有被熔掉的蜡，慢慢利用余温熔化掉。这样蜡的温度才不会过高。大豆蜡不建议加热超过100℃，会破坏蜡本身的特性。因为蜡无法用水清洗，所以一般要清洗蜡时，需要用热风枪去熔化蜡，再用卫生纸擦拭处理。

♦ 基本染料与 调色技巧的练习

∷油性染料的认识

　　蜡烛的染料有两种，一种是固体染料，另外一种是液体染料，两种都是高浓缩染料，所以使用一点点染料就足够，可制作出色彩丰富的蜡烛。在制作大豆蜡烛时要注意，大豆蜡的颜色均为乳白色，任何染料加在大豆蜡里，都要想象成所有颜色再加入白色的感觉。

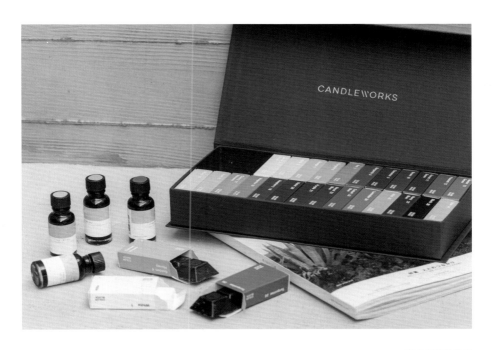

· 固体染料

　　固体染料相对饱和度比液体染料高，而且固体染料不会直接染到模具上。而液体染料会染在模具的表面上，使用时，需要用美工刀慢慢削下来，只要一点点就很显色，对初学者来说，很容易调出想要的颜色。

· 液体染料

　　液体色素比较能均匀溶解在蜡里，而且非常显色，通常只需要一点点颜色就会很快化开，所以要避免一次加太多，少量多次加入，会比较容易控制用量。液体染料比较容易褪色，而且很容易附着在模具上，导致第二次做蜡烛时染到另一个蜡烛上。

运用色块调出喜欢的颜色

　　因为大豆蜡凝固后会呈现乳白色，所以当我们需要调色的时候，必须想象这些颜色都再加上白色会呈现什么颜色，如紫色加上白色就是淡紫色（薰衣草色），如果要调出深紫色，就取决于放入色块的量。放越多的紫色色块，蜡烛的紫就会更显色。在做调色时，可以把色块刮一小片丢入蜡液中溶解，再滴一小滴在烘焙纸上试色。因为融掉的蜡液是透明的，凝固的蜡是乳白色。滴在烘焙纸上，可以让蜡液迅速凝固，呈现出干掉后的颜色。

从生活中找出配色灵感

　　在蜡烛的课程中，通常都没有安排专门的色彩学课程，很多时候在创作时，配色是我们遇到的最大困扰，也是学生们最常询问的问题。其实从生活中、大自然里都可以找到很多的配色灵感。大家只要找到最基本的色彩三原色，

红（M）、黄（Y）、青蓝（C）三色，利用这三色就可以调出色相环的颜色。再利用黑色跟白色去调不同彩度的颜色，来呈现明与暗的差异。

如果不知道如何从生活中找出配色，建议大家可以在网络上寻找配色的灵感，有很多生活上的色彩常常都被我们忽略。有时我也会建议学生可以上网站搜寻关键字 colors，各式各样的色卡图片应有尽有。

我一般在做花艺时，都会先观察主花的颜色。即使是花里面细微的小细节，都隐藏着它独特的颜色。我们可以从中找到自己想要的配色。而最不容易出错的配色法，就是找到主色调邻近的颜色，由浅到深来调色，或者多参考一些画作，也会产生许多灵感。

大豆蜡

Chapter Two

天然大豆蜡香氛蜡烛

▲ 茶蜡

　　小小的茶蜡经常使用在茶壶保温上，但其实加上不同颜色、精油，或再换上不同形状的容器增添它的趣味性，也很适合当成小礼物送出！

材料

✦ 大豆蜡（Golden）	60g
✦ 香精油	3g
✦ 环保烛芯加底座	4个
✦ 固体染料	2色

工具

① 加热器 ② 电子秤 ③ 不锈钢杯 ④ 长汤匙 ⑤ 茶蜡盒 4 个 ⑥ 纸杯

 Tips

✷ 在制作有颜色的容器蜡烛时，会遇到一个常见的现象，
　就是在蜡烛上会产生许多白点，这种现象称为结霜。
　这是一种非常自然的现象，如果要完全去除是没有办法的。
　所以制作透明容器蜡烛时，若在意出现白点的现象，也可选择不添加染料。

STEPS BY STEPS

1   将 60g 大豆蜡放入不锈钢
杯中称重。

2   把不锈钢杯放到加热器
上，慢慢加热。记得要
量温度，当温度差不多在
85℃左右，即可离开加热
器。

3   将蜡液倒入纸杯，接着加
入固体染料搅拌均匀。

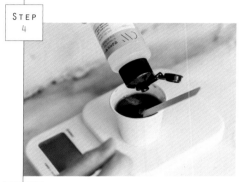

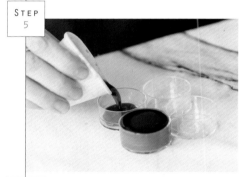

4   等到温度达到 78℃左右，加入香精油，再搅拌均匀。

5   当蜡温度在 65 ~ 75℃，便可以倒入茶蜡盒中。

6   等到蜡在容器里稍微凝固，马上放入烛芯。

7   蜡完全凝固后，再把烛芯剪至 0.5 ~ 0.8 厘米的高度，即完成。

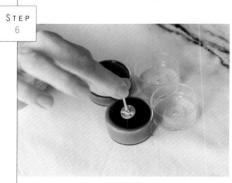

手工沾蜡蜡烛

最传统的制蜡方法，就是利用蜂蜡一层一层地慢慢沾起，重复地沾蜡，将蜡烛慢慢地加粗，是一款相当朴质又复古的蜡烛。

材料

✦ 蜂蜡 ·· 2000g
✦ 环保烛芯 ·· 1 条

工具

① 加热器 ② 电子秤 ③ 不锈钢杯 ④ 长汤匙 ⑤ 竹筷

 Tips

* 因为蜂蜡本身就带有一股淡淡的蜂蜜味道。
  在制作这款蜡烛时，通常不需再添加任何精油。
* 记得在沾蜡的过程中，要保持蜡的温度在70℃，才能达到层层叠上去的效果，如果蜡的温度过高，蜡烛就无法加厚层次了。
* 其实一根蜡烛只需要50g的用量，剩下的蜂蜡可倒在烘焙纸上，结成块状保存到下次再使用。

STEPS BY STEPS

1　　将 2000g 蜂蜡放入不锈钢杯加热，等待熔化。

2　　把烛芯对折绕在竹筷上一到两圈，记得要调整长度，让烛芯对称；再另外准备一个 2000ml 的不锈钢杯，装满冷水备用。

3　　当蜡的温度在 70℃时，开始把竹筷先放入蜡液中，再慢慢拿出来（记得要沥干），接着放入水中让蜡瞬间凝固。

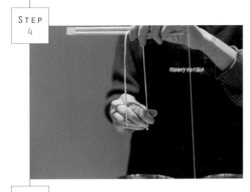

STEP
4

STEP
5

STEP
6-1

STEP
6-2

4　把烛芯轻轻拉直，让蜡形成直线。

5　一定要拿卫生纸将蜡的表面水分擦干。

6　一直重复做法 3 ~ 5，直到蜡烛加粗到你想要的粗细度即可。

手工饼干模蜡烛

　　这款蜡烛也是利用蜂蜡制成的，只需要备妥饼干模具，就能压制成各种自己喜欢的造型，制作方法简单，初学者也能快速上手。

材料

◆ 蜂蜡 ··· 500g
◆ 环保烛芯 ··· 1 条

工具

① 加热器 ② 电子秤 ③ 不锈钢杯 ④ 长汤匙 ⑤ 烘焙纸 ⑥ 饼干模具

 Tips

✳ 蜡液倒在烘焙纸上的厚度不要超过0.5厘米。
✳ 要等蜡呈现半干状态，还有一些微热感的时候，使用模具压印喜欢的造型。

STEPS BY STEPS

1   将 500g 的蜂蜡放入不锈钢杯中加热，等待熔化。

2   准备一张烘焙纸，折成纸盒的形状，将已熔化至 70℃ 的蜂蜡倒入纸盒中。

3   等待蜡液半干后，使用烘焙模具压印，一共两片。

4   取烛芯放在两片蜡之间。

STEP
2

STEP
3

STEP
4

5 将合在一起的两片蜡放入剩下的蜡液中，并确认温度为 70℃，再慢慢拿出来（记得要沥干），接着再放入水中让蜡瞬间凝固。

6 用卫生纸将做法 5 完成的蜡表面水分擦干。

7 重复做法 5 和 6 三次，作品就完成了！

STEP
5-1

STEP
5-2

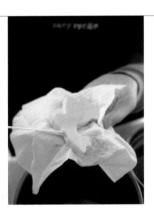

STEP
6

告白蜡烛

这是一款别出心裁的蜡烛。可以将自己想传达的话隐藏在蜡烛中，点起烛光时，讯息就会慢慢浮现出来，将你的温暖心意传递给对方。

材料

◆ 大豆蜡（Golden）	150g
◆ 香精油	6.5g
◆ 环保烛芯加底座	1个
◆ 黑色磨砂杯	1个
◆ 烛芯贴纸	1张

工具

① 加热器 ② 电子秤 ③ 不锈钢杯 ④ 长汤匙 ⑤ 烘焙纸 ⑥ 竹签 ⑦ 纸杯 ⑧ 磨砂杯

Tips

※通常第二次倒入蜡液时，不要加入任何精油，
让表面可以更漂亮、平滑。

STEPS BY STEPS

1   将 150g 大豆蜡放入不锈钢杯中称重。

2   把不锈钢杯放到加热器上，慢慢加热。（记得温度不能过高哦！）

3   记得要量温度，当温度差不多在 78℃左右，即可离开加热器。

STEP
2

STEP
3

4　先在纸杯中倒入 130g 的大豆蜡液，再加入 6.5g 香精油，搅拌均匀。

5　把有底座的烛芯贴上贴纸，置于中间并黏在磨砂杯底部。

6　当蜡液温度降至 65 ~ 75℃，便可倒入磨砂杯中。

STEP
4

STEP
5

STEP
6

7　等待蜡在磨砂杯中凝固后，放入写上字的烘焙纸，用竹签将纸片中央戳一个小洞，穿过烛芯放在凝固的蜡上。

8　倒入剩下的 20g 蜡液（没有加入精油的蜡）。

9　当蜡完全凝固后，再把烛芯剪至 0.5 ~ 0.8 厘米的高度，即完成。

STEP
7-1

STEP
7-2

STEP
8

光谱蜡烛

这是一款简约的光谱蜡烛。可以选择自己喜爱的色彩，创作缤纷绚烂的光谱蜡烛。

材料

✦ 大豆蜡（Ecosoya）	120g
✦ 香精油	6g
✦ 环保烛芯	1 条
✦ 液体染料	2 色
✦ 黏土	适量

工具

① 加热器 ② 电子秤 ③ 不锈钢杯 ④ 长汤匙 ⑤ 锥形压克力模具 ⑥ 竹筷

 Tips

٭ 倒入模具的温度一定要控制在75℃时倒入，
　温度过高色素会溶解，温度过低色素不会下滑。这个作品，温度非常重要。
٭ 在倒入蜡液时，记得要从中间倒入。

STEPS BY STEPS

1　将120g大豆蜡放入不锈钢
　　杯中称重。

2　把环保烛芯穿过锥形模
　　具，测量所需要的长度；
　　将模具底部以黏土封住，
　　避免之后蜡液流出。

3　把不锈钢杯放到加热器
　　上，慢慢加热。（记得温
　　度不能过高哦！）

4　把液体色素平均点在锥形
　　模具里。

STEP
4-1

STEP
4-2

5   在蜡液中加入香精油，用
     长汤匙搅拌均匀。

6   当蜡温度降到75℃左右，
     迅速地把蜡液倒入模具中。

7   用竹筷把烛芯固定在模具
     中央。

STEP
8-1

STEP
8-2

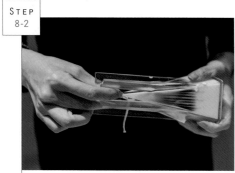

8　等模具中的蜡完全凝固
后，将黏土拿掉，取下竹
筷，抓住烛芯，慢慢将蜡
烛从模具中取出。

STEP
8-3

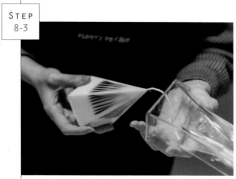

🔥 仙人掌蜡烛

　　多肉植物圆润小巧的外形相当讨喜，它也能被做成蜡烛放在家中做点缀。喜欢绿色植物的你，不妨试试这款可爱又疗愈的仙人掌蜡烛吧！

材料

✦ 大豆蜡（Golden）	80g
✦ 大豆蜡（Ecosoya）	42g
✦ 蜂蜡（精制过）	18g
✦ 香精油	7g
✦ 环保烛芯加底座	1 个
✦ 固体色素（绿色）	少许
✦ 竹签	1 根
✦ 烛芯贴纸	1 张

工具

① 加热器 ② 电子秤 ③ 不锈钢杯 ④ 长汤匙 ⑤ 铝罐
⑥ 仙人掌硅胶模具 ⑦ 烛芯固定器 ⑧ 纸杯

 Tips

＊记得在调色时，要多利用固体色素，因为使用液体色素容易沾染在硅胶模具上，造成下
　一次的作品可能会被染色。

STEP
1

STEP
4

STEP
5-1

STEP
5-2

STEPS BY STEPS

容器蜡烛

1　将 80g 大豆蜡（Golden）放入不锈钢杯中称重。

2　把不锈钢杯放到加热器上，慢慢加热。（记得温度不能过高哦！）

3　记得要测量温度，当温度差不多在 78℃左右时，即可离开加热器。然后倒入纸杯，加入香精油，搅拌均匀。

4　将烛芯加底座固定贴在铝罐容器的正中央。

5　当蜡温度在 65 ~ 75℃时，便可将其倒入铝罐容器里，并放上烛芯固定器固定烛芯。

STEPS BY STEPS

仙人掌蜡烛

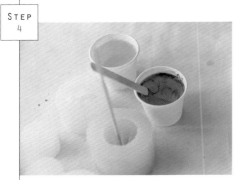

1　将 42g 大豆蜡（Ecosoya）与 18g 蜂蜡放入不锈钢杯中称重。

2　把竹签戳入硅胶模具内固定，以便蜡液凝固后加入烛芯。

3　把不锈钢杯放到加热器上，慢慢加热。

4　等待蜡融化后倒入纸杯中，再加入固体色素，搅拌溶解即可。

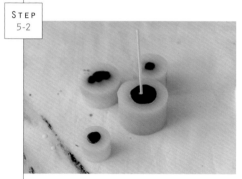

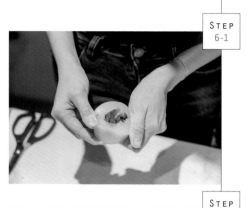

5　　直接把蜡液倒入模具中，
　　　等待完全凝固。

6　　待仙人掌完全干透后，小
　　　心脱模取出，再把仙人掌
　　　放置在容器蜡烛上。

渐层冰块蜡烛

　　造型独特的冰块蜡烛，有着不规则大小的孔洞，搭配上美丽的双色渐层，呈现出艺术家的创作精神。

材料

✦ 大豆蜡（Ecosoya）·············	160g
✦ 香精油 ·························	8g
✦ 环保烛芯 ·····················	1个
✦ 固体色素（红色）·············	少许
✦ 黏土 ·························	适量
✦ 冰块 ·························	1盒

工具

① 加热器 ② 电子秤 ③ 不锈钢杯 ④ 长汤匙 ⑤ 正方形压克力模具 ⑥ 竹筷 ⑦ 纸杯

 Tips

＊蜡烛洞的大小取决于放入冰块的大小跟形状。
＊燃烧时记得底部要加入底板，以免蜡流出。
＊从模具取出时，记得要在水槽脱模，以免融掉的冰块弄湿桌面。

STEPS BY STEPS

1   将 160g 大豆蜡放入不锈钢杯中称重。

2   把不锈钢杯放到加热器上，慢慢加热。（记得温度不能过高哦！）

3   将烛芯穿入模具，为了避免蜡液倒入后会流出，记得在烛芯孔上压上黏土。

4   取出冻好的冰块，将冰块倒入模具约 1/2 的高度。

STEP
3-1

STEP
3-2

STEP
4-1

STEP
4-2

5　先将 80g 蜡液倒入纸杯中，然后加入固体色素中搅拌均匀；再把另外 80g 蜡液加入香精油中，用长汤匙搅拌均匀。

6　当蜡温度降到 75℃左右时，迅速把蜡液倒入模具中。

7　把竹筷固定在模具的正中央，固定烛芯。

8　等待蜡完全凝固后，拿掉黏土，稍微挤压一下模具，再慢慢拉着烛芯，轻轻地把蜡烛从模具中取出。

STEP
5-1

STEP
5-2

STEP
6

STEP
7

◈ 双色雪花蜡烛

　　轻飘飘的白色纹路，仿佛从空中飘下的片片雪花，只要巧妙控制好棕榈蜡的温度，就能轻松完成浪漫的雪花蜡烛。

材料

◆ 棕榈蜡 ·· 120g
◆ 香精油 ·· 6g
◆ 环保烛芯 ··· 1个
◆ 固体色素（红色）······························· 少许
◆ 黏土 ··· 适量

工具

① 加热器 ② 电子秤 ③ 不锈钢杯 ④ 长汤匙 ⑤ 锥形压克力模具 ⑥ 烛芯固定器
⑦ 纸杯

 Tips

＊ 如果要成功做出雪花效果，记得一定要在蜡液达到88℃以上时将其倒入模具，不然就会失败。
＊ 切记棕榈蜡温度不能超过100℃，一旦超过也会很容易失败。
＊ 因为棕榈蜡温度较高，不适合添加植物精油。

STEPS BY STEPS

1   将 120g 棕榈蜡放入不锈钢杯中称重。

2   把不锈钢杯放到加热器上，慢慢加热。（记得温度不能过高哦！）

3   拿出锥形压克力模具，把3 号烛芯穿过烛芯孔，上下都要保留一些长度。

4   为了避免蜡倒入后流出，记得在烛芯孔上压上黏土。

5   把已融化的蜡液倒入纸杯中，再加入香精油中，用长汤匙搅拌均匀。

STEP
1

STEP
3

STEP
4

STEP
6-1

STEP
6-2

STEP
10

STEP
11

6　当蜡温度降到90℃左右时，迅速把70g蜡液倒入模具中。

7　用烛芯固定器将烛芯固定在模具正中央。

8　等待模具里的蜡半干时，开始准备第二次的蜡液。

9　把剩下的50g棕榈蜡放入不锈钢杯中，再放到加热器上，慢慢加热。

10　把已融化的蜡液倒入纸杯中，再加入少许红色固体色素中，搅拌均匀。

11　当蜡温度降到90℃左右时，迅速把蜡液倒入模具中。

12　等待蜡完全凝固后，把黏土拿掉，稍微挤压一下模具，再慢慢拉一下烛芯，轻轻地把蜡烛从模具中取出。

桦树皮蜡烛

又到了寒冷的 12 月，这时将满满的祝福融入温暖的桦树皮蜡烛中，会是一个不错的选择。希望收到桦树皮蜡烛的人都能感受到这份手工的心意。

材料

+ 大豆蜡（Ecosoya） ⸺ 100g
+ 香精油 ⸺ 5g
+ 环保烛芯 ⸺ 1 个
+ 桦树皮 ⸺ 1 卷
+ 干燥花、尤加利、松果 ⸺ 适量
+ 黏土 ⸺ 适量
+ 麻绳 ⸺ 1 条

工具

① 加热器 ② 电子秤 ③ 不锈钢杯 ④ 长汤匙 ⑤ 锥形压克力模具 ⑥ 柱状压克力模具 ⑦ 纸杯

 Tips

✻ 如果在凝固的过程中发现蜡出现裂痕或者空洞，记得补倒上第二次的蜡液。
第二次倒入蜡液温度在62℃左右最为理想。

STEPS BY STEPS

1   将 100g 大豆蜡放入不锈钢
杯中称重。

2   把不锈钢杯放置在加热器
上，慢慢加热。（记得温
度不能过高哦！）

3   拿出柱状压克力模具，把
环保烛芯穿过烛芯孔，记
得上下都要保留一些长
度。

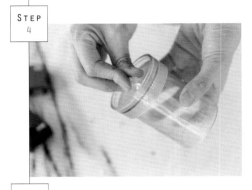

4　为了避免蜡倒入后会流出来，记得要在烛芯孔上压上黏土。

5　将已融化的蜡倒入纸杯中，加入香精油，用长汤匙搅拌均匀。

6　当蜡液温度降到70℃左右时，再迅速把蜡液倒在柱状压克力模具中。

STEP
7

STEP
10

STEP
11

7　把烛芯固定器固定在模具
　　中，记得一定要置于中间。

8　待蜡完全凝固后，把黏土
　　拿掉，稍微挤压一下模具，
　　再慢慢拉着烛芯，轻轻地
　　将蜡烛从模具中取出。

9　把底部烛芯剪平。

10　用桦树皮包覆蜡烛一圈，
　　测量大约需要的长度，再
　　绑上麻绳固定。

11　取一些自己喜欢的干燥花
　　装饰，即完成。

桦树皮蜡烛

🔥 转印蜡烛

　　运用转印贴纸的概念，将自定义的图案压印在蜡烛上。结合闪亮的金色凸粉，让蜡烛整体呈现出更华丽复古的风格。

材料

◆ 大豆蜡（Ecosoya）··	100g
◆ 香精油···	5g
◆ 环保烛芯···	1个
◆ 固体色素（绿色）··	少许
◆ 黏土···	适量
◆ 转印纸··	1张
◆ 印章···	1个
◆ 印泥台··	1个
◆ 凸粉（金色）···	少许

工具

① 加热器 ② 电子秤 ③ 不锈钢杯 ④ 长汤匙 ⑤ 柱状压克力模具 ⑥ 热风枪 ⑦ 纸杯

 Tips

＊记得在转印贴纸贴上后，一定要把空气推干净，不然时间久了就会因干掉而脱落。
＊一定要用热风枪，若用不够热的吹风机来吹凸粉，是不会达到膨胀效果的。

STEPS BY STEPS

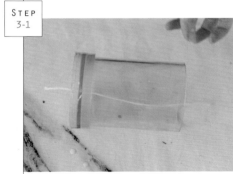

1　将 100g 大豆蜡放入不锈钢杯中称重。

2　把不锈钢杯放到加热器上，慢慢加热。（记得温度不能过高哦！）

3　将烛芯穿入模具，为了避免蜡液倒入后流出，记得在烛芯孔上压上黏土。

4　将已融化的蜡液倒入纸杯
　　中，然后加入少许固体色
　　素，搅拌均匀；再加入香
　　精油，用长汤匙搅拌均匀。

5　当蜡温度降到75℃左右
　　时，迅速把蜡液倒入模具
　　中。

6　用烛芯固定器将烛芯固定
　　在模具正中央。

7　等待蜡完成凝固后，把黏
　　土拿掉，稍微挤压一下模
　　具，再慢慢拉一下烛芯，
　　轻轻地把蜡烛从模具中取
　　出。

STEP
5

STEP
6

STEP
1-1

STEP
1-2

STEP
2

STEP
3

STEPS BY STEPS

转印贴纸

1　把印章压盖在印泥上，再轻压在转印纸上。

2　把大量的凸粉倒在转印纸上，再倾斜转印纸，把多余的凸粉倒出。

3　利用热风枪不断加热，让凸粉慢慢膨胀。

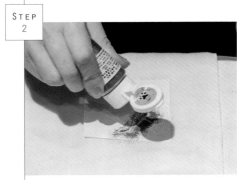

STEP
4

STEP
5

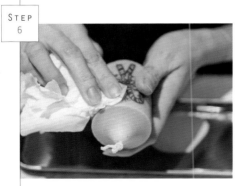

STEP
6

4　把转印纸反复泡入水中
　30~40秒。

5　转印纸泡湿后，白色纸跟
　透明转印纸会自动分离。

6　把透明转印贴纸黏到柱状
　蜡烛上，再用卫生纸轻压
　表面，把空气推出加以固
　定。

♨ 肉桂蜡烛

　　欧洲人有时喜欢在饮品中加入一点肉桂，肉桂蜡烛也是佳节布置时很适合的暖心小物。

材料

✦ 大豆蜡（Ecosoya）	160g
✦ 化合香精油	8g
✦ 环保烛芯	1 个
✦ 肉桂棒	10 根左右
✦ 麻绳	1 条

工具

① 加热器 ② 电子秤 ③ 不锈钢杯 ④ 长汤匙 ⑤ 柱状压克力模具 ⑥ 竹筷 ⑦ 纸杯

 Tips

＊因为肉桂棒已有它独特的天然味道，在添加香料时，
　我们可以挑选跟肉桂相近的味道来增加蜡烛的香气。
＊一定要等待蜡半凝固后再加入肉桂棒，这样才能固定肉桂棒的位置。

STEPS BY STEPS

1　　将 160g 大豆蜡放入不锈钢杯中称重。

2　　把不锈钢杯放到加热器上，慢慢加热。（记得温度不能过高哦！）

3　　拿出柱状压克力模具，把烛芯穿过烛芯孔，记得上下都要保留一些
　　　长度。

4　　为了避免蜡液倒入后流出，记得要在烛芯孔上压上黏土。

5　　将 80g 已融化的蜡液倒入纸杯中，然后加入香精油，用长汤匙搅拌均
　　　匀。

STEP
6

STEP
7

STEP
8

STEP
9

6 当蜡液温度降到 70℃ 左右时，迅速把蜡液倒入模具中。

7 等待蜡半凝固的时候，尽快把肉桂棒插入模具内。

8 把剩下的 80g 大豆蜡加热至 70℃，再倒入模具中。

9 用竹筷将烛芯固定在模具正中央。

10 等待蜡完全凝固后，把黏土拿掉，稍微挤压一下模具，再慢慢拉一下烛芯，轻轻地把蜡烛从模具中取出，把底部烛芯剪平，即完成。

干花
蜡烛

Chapter Three

天然花草
香氛蜡烛
与蜡片

干燥花
制作DIY

干燥花有很多种，
我们可以到花市采购各种自己喜欢的干燥花材，
并在家里简易制作，
只要掌握几个基本原则，
就能轻松做出自己的干燥花！

自然风干干燥花

1   使用新鲜花材，把根部多余的叶子摘掉，并且修剪到想要的长度后，拿橡皮筋或铁丝捆绑，避免脱落。

2   再把花悬挂在通风的地方干燥，或者把花悬挂后开除湿机风干。

3   基本上 3 ~ 4 周花就会完全干燥，不过还是要看当时的天气状况而定。

压花

1   选购新鲜花材，把需要使用的部分剪下来。

2   拿卫生纸把花的表面水分擦拭干净。

3   再将厨房纸巾放入书里，把花放在上方，再拿一张厨房纸巾盖上。

4   把书盖上后，再拿重物压上。

5   放置 5 ~ 14 天即可取出。

⚪ 压花蜡烛

　　压花蜡烛的技巧在于利用热风枪加热汤匙，用汤匙的热度让蜡融掉，把花固定在蜡烛的表面。挑选和蜡烛同色系的花朵来装饰，可呈现出古典优雅的风格。

材料

✦ 大豆蜡（Ecosoya）	84g
✦ 蜂蜡（精制过）	36g
✦ 香精油	6g
✦ 环保烛芯	1个
✦ 固体色素（蓝色）	少许
✦ 干燥花	适量

工具

① 加热器 ② 电子秤 ③ 不锈钢杯 ④ 长汤匙 ⑤ 柱状压克力模具 ⑥ 烛芯固定器 ⑦ 纸杯

 Tips

＊加入蜂蜡可以增加大豆蜡的硬度和光泽度，
　而且加过蜂蜡后的大豆蜡会较容易脱模。

STEPS BY STEPS

STEP 3

STEP 4

STEP 5

1　120g 大豆蜡跟蜂蜡放入不锈钢杯中称重。

2　把不锈钢杯放到加热器上，慢慢加热。（记得温度不能过高哦！）

3　拿出柱状模具，把烛芯穿过烛芯孔，记得上下都要保留一些长度。

4　为了避免蜡倒入后流出，记得要在烛芯孔上压上黏土。

5　等待蜡完全凝固后，再把蜡的温度调至80℃左右，倒入纸杯后加入固体色素，用长汤匙搅拌均匀。

STEP
6

6   再于蜡液中加入香精油，
     用长汤匙搅拌均匀。

STEP
7

7   当蜡液温度降到70℃左右
     时，迅速把蜡液倒入模具
     中。

8   用烛芯固定器将烛芯固定
     在模具正中央。

STEP
8

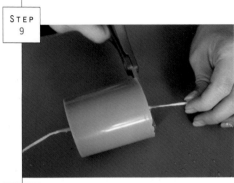

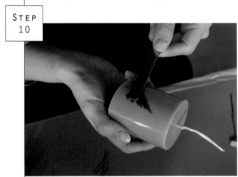

9 等待蜡完全凝固后，把黏土拿掉，稍微挤压一下模具再慢慢拉一下烛芯，轻轻地把蜡烛从模具中取出，并将底部烛芯剪平。

10 把压花平放在蜡烛上，再加热汤匙，压印干燥花在蜡烛表面。

🔥 干燥花柱状蜡烛

可将干燥花融入蜡烛中。结合女孩们最喜欢的花朵元素，上方可用各种不同风格的干燥花加强点缀，放在办公室或房间的一角，都很令人赏心悦目。

材料

✦ 大豆蜡（Ecosoya）	140g
✦ 蜂蜡（精制过）	60g
✦ 香精油	10g
✦ 环保烛芯	1个
✦ 干燥花	适量

工具

① 加热器 ② 电子秤 ③ 不锈钢杯 ④ 长汤匙 ⑤ 柱状压克力模具 2 个（一大一小）
⑥ 烛芯固定器 ⑦ 纸杯

 Tips

∗ 要在蜡烛半凝固、表面变白的时候加入较轻的干燥花，如果出现沉下去的情况，代表还要再等一下再加入干燥花。
∗ 记得要在完全凝固前把花插好，不然蜡烛表面会不平整。

STEPS BY STEPS

1　将 140g 大豆蜡和 60g 蜂蜡
　　放入不锈钢杯中称重。

2　把不锈钢杯放到加热器
　　上，慢慢加热。（记得温
　　度不能过高哦！）

3　拿出柱状压克力模具，把
　　烛芯穿过烛芯孔，记得上
　　下都要保留一些长度。

4　为了避免蜡液倒入后流
　　出，记得要在烛芯孔上压
　　上黏土。

STEP
3

STEP
4

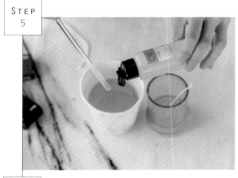

STEP
5

STEP
6

STEP
7

5　　将已融化的不锈钢杯倒入纸杯中，然后加入香精油，并用长汤匙搅拌均匀。

6　　当蜡液温度降到70℃左右时，迅速把蜡液倒入模具中。

7　　用烛芯固定器将烛芯固定在模具正中央。

8　　等待蜡完成凝固后，把黏土拿掉，稍微挤压一下模具，再慢慢拉一下烛芯，轻轻地把蜡烛从模具取出。

9　把完成的蜡烛放入大号柱状模具中间，开始加入花材。

10　在已融化的蜡液中加入香精油，用长汤匙搅拌均匀；当蜡液温度降到70℃左右时，迅速把蜡液倒入模具中。

11　等待蜡液呈现半凝固、开始变成白色后，在上方放上干燥花。

12　等待蜡完全凝固后，稍微挤压一下模具，再慢慢拉一下烛芯，轻轻地把蜡烛从模具中取出。

13　脱模后如果觉得花材不够明显，可以用热风枪稍微把表面融解，让干燥花更加凸显出来。

🔥 干燥花容器蜡烛

这是最简单的干燥花蜡烛制作方法。可以选择自己喜欢的造型容器，依照季节的变化加入特色干燥花，轻松就能做成适合送礼的贴心小物。

材料

✦ 大豆蜡（Golden） ⋯⋯⋯⋯⋯⋯⋯⋯⋯⋯⋯⋯⋯⋯ 65g
✦ 香精油 ⋯⋯⋯⋯⋯⋯⋯⋯⋯⋯⋯⋯⋯⋯⋯⋯⋯⋯⋯ 3.25g
✦ 环保烛芯加底座 ⋯⋯⋯⋯⋯⋯⋯⋯⋯⋯⋯⋯⋯⋯⋯ 1 个
✦ 干燥花 ⋯⋯⋯⋯⋯⋯⋯⋯⋯⋯⋯⋯⋯⋯⋯⋯⋯⋯⋯ 适量
✦ 玻璃容器 ⋯⋯⋯⋯⋯⋯⋯⋯⋯⋯⋯⋯⋯⋯⋯⋯⋯⋯ 1 个

工具

① 加热器 ② 电子秤 ③ 不锈钢杯 ④ 长汤匙

STEPS BY STEPS

1　将 65g 大豆蜡放入不锈钢杯中称重。

2　把不锈钢杯放到加热器上，慢慢加热。（记得温度不能过高哦！）

3　记得要量温度，当温度差不多在 78℃左右时，就可以离开加热器了。

4　将烛芯加底座固定在玻璃容器正中央。

5　等待温度达到 78℃左右时，加入香精油；当蜡液温度在 65 ~ 75℃时，便可倒入玻璃容器中。

6　等待蜡液在玻璃容器中稍微凝固，马上加入干燥花。

7　当蜡完全凝固后，再把烛芯卷成圆圈造型。

小盆栽不凋香氛蜡片

　　这件小物可放置于衣柜或是抽屉中，让随身物品都带着淡淡香气，芬芳的香气既温暖又疗愈，让人维持一整天的好心情。搭配的小花器可随个人喜好更换，延伸变化出不同风格。

材料

◆ 大豆蜡（Ecosoya）·················	28g
◆ 蜂蜡（精制过）···················	12g
◆ 香精油··························	2g
◆ 干燥花··························	适量
◆ 金属鸡眼·······················	1 个

工具

① 加热器 ② 电子秤 ③ 不锈钢杯 ④ 汤匙 ⑤ 扩香砖硅胶模具 ⑥ 盆栽小花器
⑦ 纸杯

 Tips

＊因为干燥花有重量，不建议第一次就把蜡灌满模具，
　要预留一点点空间倒入第二次的蜡，让蜡片表面更光滑平整。

STEPS BY STEPS

STEP
3-1

STEP
3-2

STEP
4

1　将 40g 大豆蜡跟蜂蜡放入不锈钢杯中称重。

2　把不锈钢杯放在加热器上，慢慢加热。（记得温度不能过高哦！）

3　在已融化的蜡液倒入纸杯中，加入香精油，用汤匙搅拌均匀。

4　当蜡液温度降到 70℃左右时，迅速将蜡液倒入模具中。

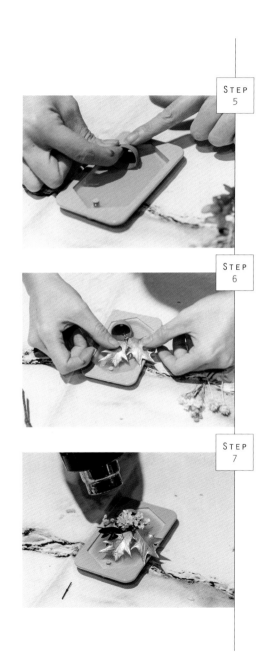

5　把盆栽小花器直接放在模具上。

6　等待蜡半凝固的时候，尽快将干燥花放在模具周围。

7　可用热风枪加速蜡片凝固，待完全凝固后，从模具的边角慢慢、轻轻地把蜡片从模具中取出。

8　把金属鸡眼压在蜡片上方的洞中，就可以穿入缎带绑紧，完成吊挂式的香氛蜡片。

干燥花蜡片

蜡片的造型与变化相当多，只要变换模型的选择就可延伸出不同样式。可尝试大胆的色彩搭配，深色系的蜡片也能呈现出不同于浅色蜡片的沉稳风格喔！

材料

✦ 大豆蜡（Ecosoya）	28g
✦ 蜂蜡（精制过）	12g
✦ 香精油	2g
✦ 固体色素（深绿色）	少许
✦ 干燥花	适量
✦ 金属鸡眼	1个
✦ 麻绳	1条

工具

① 加热器 ② 电子秤 ③ 不锈钢杯 ④ 长汤匙 ⑤ 硅胶背板模具 ⑥ 纸杯

 Tips

* 因为干燥花有重量，不建议第一次把蜡灌满模具，
  通常要留一点点空间倒入第二次的蜡液，让蜡片表面更光滑平整。

STEPS BY STEPS

1　将 28g 大豆蜡跟 12g 蜂蜡放入不锈钢杯中称重。

2　把不锈钢杯放到加热器上，慢慢加热。（记得温度不能过高哦！）

3　将已融化的蜡液倒入纸杯中，然后加入香精油，用长汤匙搅拌均匀，再加入固体色素搅拌均匀。

4　当蜡液温度降到 70℃左右时，迅速把蜡液倒入模具中。

5　等待蜡半凝固的时候，尽快把干燥花放在模具周围。

6　等待蜡完全凝固后，稍微拉一下模具，再慢慢、轻轻地把蜡片从模具中取出。

7　把金属鸡眼压在洞中，可以穿上缎带绑紧。

✿ 蕾丝蜡片

　　蕾丝蜡片是最近相当受欢迎的款式，女孩们对白色蕾丝都有着莫名的憧憬，运用深浅色的反差来表现蕾丝蜡片，低调的小奢华感是送给闺蜜的最佳选择。

材料

蜡片材料：

+ 大豆蜡（Ecosoya）……………………………… 28g
+ 蜂蜡（精制过）…………………………………… 12g
+ 香精油 ……………………………………………… 2g

蕾丝材料：

+ 蜂蜡（非精制过）………………………………… 50g
+ 固体色素 ………………………………………… 少许
+ 金属鸡眼 ………………………………………… 2个

工具

① 加热器 ② 电子秤 ③ 不锈钢杯 ④ 长汤匙 ⑤ 硅胶蕾丝模具 ⑥ 硅胶背板模具 ⑦ 硅胶背板模具 ⑧ 竹签 ⑨ 美工刀

 Tips

＊如果蜡片跟蕾丝间不易黏住，可稍微用热风枪加热，让两者紧密结合在一起。

STEPS BY STEPS

蜡片

1   将 28g 大豆蜡跟 12g 蜂蜡放入不锈钢杯中称重。

2   把不锈钢杯放到加热器上，慢慢加热。（记得温度不能过高哦！）

3   在已融化的蜡液中加入香精油，用长汤匙搅拌均匀。

4   当蜡液温度降到 70℃左右时，迅速把蜡液倒入模具中。

5   等待蜡完全凝固后，稍微拉一下模具，再慢慢、轻轻地把蜡片从背板模具中取出。

6   把金属鸡眼压在蜡片上方的洞中，可以穿入缎带绑紧。

※ 做法参考 P100。

步骤

蕾丝

1   将 50g 蜂蜡放入不锈钢杯中称重。

2   把不锈钢杯放到加热器上，慢慢加热。（记得温度不能过高哦！）

3   在已融化的蜡中加入固体色素，用长汤匙搅拌均匀。

4　　把蜡倒入模具，用竹签把蜡液均匀地推到模具的隙缝中。

5　　等待蜡液完全凝固后，轻轻从模具中脱模，直接把蕾丝压放在蜡片上，用美工刀将多余的蕾丝修整干净，即完成。

花环小蜡片

亲手制作自己专属的小花环，放上各种可爱的果实，象征着幸福满满的未来。

材料

✦ 大豆蜡（Ecosoya）	28g
✦ 蜂蜡（精制过）	12g
✦ 香精油	2g
✦ 干燥花	适量
✦ 铁丝	1 条
✦ 金属鸡眼	1 个
✦ 胶带	适量

工具

① 加热器 ② 电子秤 ③ 不锈钢杯 ④ 汤匙 ⑤ 硅胶背板模具 ⑥ 纸杯

Tips

﹡ 围绕在铁丝上的花材，尽量买柔软且干燥的。

STEPS BY STEPS

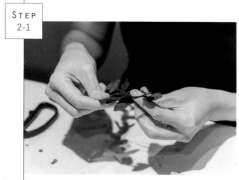

小花环

1   将铁丝围绕一圈，比对一下
      蜡片的大小。

2   拿胶带把想要的花材慢慢绑
      在铁丝圈上。

STEPS BY STEPS

蜡片

1 　将 28g 大豆蜡跟 12g 蜂蜡放
　　入不锈钢杯中称重。

2 　把不锈钢杯放到加热器上，
　　慢慢加热。（记得温度不能
　　过高哦！）

3 　将已融化的蜡液倒入纸杯中，
　　然后加入香精油，用长汤匙
　　搅拌均匀。

4 　当蜡液温度降到70℃左右时，
　　迅速把蜡液倒入模具中。

5 　等待蜡半凝固时，尽快将花
　　环放在蜡片上。

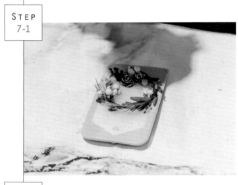

STEP
7-1

6　等待蜡完全凝固后，稍微拉
一下模具，再慢慢、轻轻地
把蜡片从模具中取出。

STEP
7-2

7　用热风枪加热，让小花环和
蜡片完全黏合在一起，再将
金属鸡眼压在洞中，穿上缎
带绑紧，完成吊挂式的香氛
蜡片。

扩香精油与
扩香石制作DIY

扩香小物很适合放在浴室或房间中，
可以改变环境的气氛，
也能让空气中充满怡人的香气。
可依照个人需求选择使用扩香瓶、
扩香片或扩香石。

 扩香精油制作方式

材料

◆ 基底油 ┈┈┈┈┈┈┈┈┈┈┈┈┈┈┈┈┈┈┈┈┈ 21g
◆ 化合香精油或天然植物精油 ┈┈┈┈┈┈┈┈┈ 9g
◆ 带盖瓶子 ┈┈┈┈┈┈┈┈┈┈┈┈┈┈┈┈┈┈┈ 1 个
◆ 扩香瓶 ┈┈┈┈┈┈┈┈┈┈┈┈┈┈┈┈┈┈┈┈ 1 个
◆ 香竹条 ┈┈┈┈┈┈┈┈┈┈┈┈┈┈┈┈┈┈┈┈ 5 根

工具

① 电子秤 ② 量杯 ③ 搅拌棒

 Tips

＊基底油是酒精加水混和而成，所
以将它与精油混和后，一定要放
置 2 ~ 3 个星期，待酒精挥发
后再使用。

STEPS BY STEPS

1   把量杯放在秤上，加入 21g 基底油。

2   再加入天然植物精油 9g，用搅拌棒搅拌均匀。

3   将天然植物精油倒入有盖子的容器中，拧紧，放置 2 ~ 3 个星期再打开使用。

4   把天然植物精油倒入扩香瓶中，再放入扩香竹条即可。

STEP
1

STEP
2

STEP
3-1

STEP
3-2

🔥 天使扩香片

外型俏皮可爱的小天使，让人联想到代表恋情顺利的爱神丘比特。不妨在情人节时，试着自己亲手制作一个天使扩香片，送给另一半吧！

材料

◆ 石膏粉	76g
◆ 水	25.3g
◆ 香精油	5g
◆ 乳化剂（水性）	2.5g
◆ 水彩（黑色）	少许

工具

① 电子秤 ② 纸杯 ③ 搅拌棒 ④ 硅胶模具

 Tips

❋记得在石膏粉中倒入天使造型后，要把底板周边的石膏粉刮干净，这样背板才会干净漂亮。

STEPS BY STEPS

1　先把纸杯放在秤上，倒入 5g
　水称重。

2　再于纸杯中倒入16g石膏粉，
　接着把 1g 香精油和 1g 乳化
　剂倒入，搅拌均匀。

3　慢慢把石膏倒入模具正中
　央，用搅拌棒将周围多余的
　石膏刮干净。

STEP
4-1

STEP
4-2

STEP
6

4　等石膏完全凝固后，重复做法 1 ～ 4。如果想让背板呈现大理石效果，记得在倒入模具前，先将黑色颜料抹在杯子边缘，再顺着杯子边缘把石膏粉倒入模具。记得倒入模具时，左右来回转动，才能达到制造大理石纹路的效果。

5　背板比例：水 20g、石膏粉 60g、香精油 4g、乳化剂 2g。

6　等石膏完全凝固后，小心地从四周拨开，慢慢将扩香石取出。

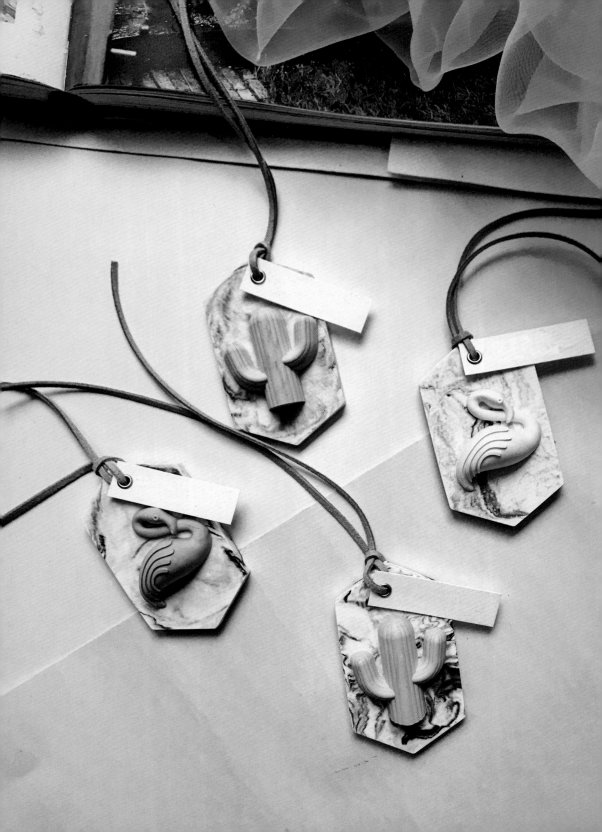

♨ 火鹤扩香片

　　最近在韩国人气相当高的时尚代表——火鹤，处处都有它的踪影。我们将最流行的元素变化成扩香片，搭配女孩最爱的粉色系，会让人看了心花怒放。

材料

◆ 石膏粉 ⋯⋯⋯⋯⋯⋯⋯⋯⋯⋯⋯⋯⋯⋯⋯⋯⋯⋯⋯⋯⋯⋯ 40g
◆ 水 ⋯⋯⋯⋯⋯⋯⋯⋯⋯⋯⋯⋯⋯⋯⋯⋯⋯⋯⋯⋯⋯⋯⋯⋯⋯ 13g
◆ 香精油 ⋯⋯⋯⋯⋯⋯⋯⋯⋯⋯⋯⋯⋯⋯⋯⋯⋯⋯⋯⋯⋯⋯ 2.6g
◆ 乳化剂（水性） ⋯⋯⋯⋯⋯⋯⋯⋯⋯⋯⋯⋯⋯⋯⋯⋯⋯ 1.3g
◆ 水彩（粉色、黑色） ⋯⋯⋯⋯⋯⋯⋯⋯⋯⋯⋯⋯⋯⋯ 少许

工具

① 电子秤 ② 纸杯 ③ 长汤匙 ④ 硅胶模具

 Tips

＊记得石膏粉倒入第一层模具后，要将边缘擦干净，不然背板会染到火鹤的颜色。
＊加入颜色后不建议搅拌太久，因为石膏粉会很快干掉，而难以入模。

STEPS BY STEPS

火鹤

1   先把纸杯放在秤上，倒入 3g 的水称重。

2   再于纸杯中倒入10g石膏粉，然后把 0.6g 香精油和 0.3g 乳化剂一起倒入，搅拌均匀。

STEP
2-1

STEP
2-2

3　水彩颜料从杯子边缘点入，
　　慢慢将颜色调和，颜色调好
　　了就尽快将石膏倒入模具
　　里。

4　等石膏完全凝固后，就可以
　　加入背板颜色。

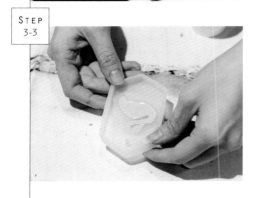

STEPS BY STEPS

背板

STEP 3-1

1　先把纸杯放在秤上，倒入 10g 水称重。

2　再于纸杯中倒入 30g 石膏粉，然后加入 2.1g 香精油和 1g 乳化剂，搅拌均匀。

STEP 3-2

3　水彩颜料从杯子边缘点入，慢慢将颜色调和，颜色调好了就尽快将石膏倒入模具里。

4　等石膏完全凝固后，小心地从四周拨开，慢慢将扩香石取出。

半透明宫廷永生花扩香片

有着华丽复古风的宫廷永生花扩香片，结合透明的果冻蜡，呈现出晶莹剔透的质感，让人爱不释手。

材料

✦ 石膏粉	······	25g
✦ 水	······	8.3g
✦ 香精油	······	1.6g
✦ 乳化剂（水性）	······	0.8g
✦ 干燥花	······	少许
✦ 永生花	······	少许
✦ 果冻蜡（硬）	······	20g
✦ 缎带	······	1 条
✦ 水彩（粉色、黑色）	······	少许

工具

① 电子秤 ② 纸杯 ③ 长汤匙 ④ 硅胶宫廷模具

 Tips

＊果冻蜡倒入模具时温度较高，花材要选耐热的才不会变黑。

STEPS BY STEPS

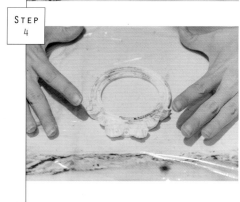

STEP
3-1

STEP
3-2

STEP
4

1   先把纸杯放在秤上，倒入水。

2   再倒入 25g 石膏粉，然后倒入香精油跟乳化剂，搅拌均匀。

3   慢慢地把石膏倒入模具里，等石膏完全凝固后，小心地从四周拨开，慢慢将扩香石取出。

4   可先放一张保鲜膜在桌上，避免之后倒入的果冻蜡会沾到灰尘。

STEP
5-1

STEP
5-2

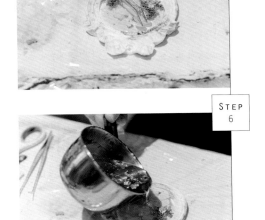

5　在扩香石内圈加入果冻蜡，
大约倒入 1/2 高度后，再加
入花材。

6　再倒一层果冻蜡，覆盖在花
材上。

STEP
6

7　等果冻蜡完全凝固后，可以
穿上缎带绑紧，完成吊挂式
的香氛蜡片。

STEP
7

folk
yle   in
om
s to
ore

193

🔥 云朵车用香氛夹

造型圆润可爱的云朵香氛夹，只要夹在车子的冷气出风口，就能净化车内的空气。选择精油时也可挑选较提神的植物精油，如迷迭香、柠檬、薰衣草等。

材料

✦ 石膏粉 ··· 60g
✦ 水 ·· 20g
✦ 天然植物精油 ·· 5 滴
✦ 水彩 ·· 天蓝色

工具

① 电子秤 ② 纸杯 ③ 长汤匙 ④ 硅胶云朵造型模具 ⑤ 车用夹 ⑥ 木棒

 Tips

☀ 因为扩香石具有毛细孔，所以可以不断地重复加入精油，
　 但因放置在车的出风口，所以不建议加入太多精油。

STEPS BY STEPS

1   先把纸杯放在秤上，倒入 20g 水，再倒入 60g 石膏粉，搅拌均匀。

2   水彩颜料从杯子边缘点入，颜色调好了就尽快将石膏倒入模具里。

3   将车用夹插入纸杯，两侧加上木棒防止车用夹掉落。轻轻放在模具正
     中央。

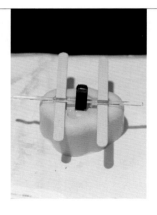

STEP
2-1

STEP
2-2

STEP
3

4　　等石膏完全凝固后，小心地从四周拨开，再慢慢取出。

5　　可在石膏表面滴上喜欢的天然精油，即完成。

STEP
4-1

STEP
4-2

异形
蜡烛

Chapter Four
手作拟真造型蜡烛

♦ 半透明蜡烛台

可依照个人喜好选择想加入的花材，不论是枫叶、柳橙片或是干燥花都很适合，当烛台点亮时，隐隐约约的光芒可营造出浪漫的气氛。

材料

♦ 石蜡（高温）⋯⋯⋯⋯⋯⋯⋯⋯⋯⋯⋯⋯⋯⋯ 200g
♦ 干燥花 ⋯⋯⋯⋯⋯⋯⋯⋯⋯⋯⋯⋯⋯⋯⋯⋯⋯ 适量

工具

① 加热器 ② 电子秤 ③ 不锈钢杯 ④ 长汤匙 ⑤ 中空模具 ⑥ 美工刀

 Tips

＊因为石蜡需要在高温时倒入模具，所以选择花材时，
　切记要找耐高温的花材，不然石蜡倒入后，花会马上变黑。
＊因为石蜡收缩率较大，通常我们可以再倒入第二次蜡液，让底部变得平整。
＊这款蜡烛台要有透光效果才好看，所以花材不建议放太多。

STEPS BY STEPS

1   把干燥花贴着中空模具的边缘放入。

2   将 200g 的石蜡放入不锈钢杯中称重。

3   把不锈钢杯放到加热器上，慢慢加热。（记得温度不能过高哦！）

STEP
1-1

STEP
1-2

STEP
5

4　记得要量温度，当温度差不多在 120℃左右时，可以离开加热器。

STEP
6-1

5　当蜡温度降至110℃左右时，便可倒入模具约八分满。

6　当蜡完全凝固后再脱模处理，可利用美工刀将多余的蜡修饰干净。

STEP
6-2

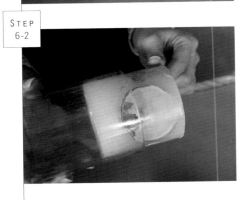

🔥 冰花蜡烛

　　以画笔层层叠上去的棕榈蜡，营造出冰雪融化的质感，就像进入了雪花纷飞的白雪世界，是一款独具特色的蜡烛。

材料

✦ 石蜡（一般）┈┈┈┈┈┈┈┈┈┈┈┈┈┈┈┈┈┈┈┈┈┈┈┈	160g
✦ 棕榈蜡 ┈┈┈┈┈┈┈┈┈┈┈┈┈┈┈┈┈┈┈┈┈┈┈┈┈┈┈┈	50g
✦ 环保烛芯 ┈┈┈┈┈┈┈┈┈┈┈┈┈┈┈┈┈┈┈┈┈┈┈┈┈┈	1个
✦ 乳化剂 ┈┈┈┈┈┈┈┈┈┈┈┈┈┈┈┈┈┈┈┈┈┈┈┈┈┈┈┈	少许
✦ 液体染料（黑色）┈┈┈┈┈┈┈┈┈┈┈┈┈┈┈┈┈┈┈┈┈	少许

工具

① 加热器 ② 电子秤 ③ 不锈钢杯 ④ 长汤匙 ⑤ 正方形模具 ⑥ 瓦楞纸 ⑦ 画笔 ⑧ 烛芯固定器

Tips

✳ **因为要使用瓦楞纸围绕模具，**
　所以一定要在模具壁上涂一层橄榄油，这样比较好脱模。

STEPS BY STEPS

1   将 160g 石蜡放入不锈钢杯中
称重。

2   把不锈钢杯放到加热器上，
慢慢加热。（记得温度不能
过高哦！）

3   拿出正方形模具，把烛芯穿
过烛芯孔，记得上下都要保
留一些长度。

4   为了避免蜡液倒入后流出，
记得在烛芯孔上压上黏土。

5   先在模具内涂上一层橄榄
油，再用瓦楞纸将模具围绕
一圈，用胶带固定。

STEP
4

STEP
5-1

STEP
5-2

6　当蜡温度降至110℃左右时，迅速把蜡液倒入模具中。

7　滴入黑色液体染料，搅拌均匀。

8　用烛芯固定器将烛芯固定在模具正中央。

9　等待蜡完全凝固后，把黏土拿掉，稍微挤压一下模具，再慢慢拉一下烛芯，轻轻地把蜡烛从模具中取出。

10　将瓦楞纸轻轻撕掉，把底部烛芯剪平。

11　加热 50g 棕榈蜡后，拿画笔蘸一点棕榈蜡，随意地刷在蜡烛表面即完成。

冰花蜡烛

⚶ 生日宝石蜡烛

这是一款很适合当生日小礼物的美丽蜡烛。可依照自己的生日月份来挑选专属颜色；不规则的切割面可以让宝石看起来相当逼真。

材料

✦ 石蜡（一般）	90g
✦ 金箔	少许
✦ 液体染料	3 色
✦ 环保烛芯加底座	1 个

工具

① 加热器 ② 电子秤 ③ 不锈钢杯 ④ 长汤匙 ⑤ 小纸杯（2 种尺寸） ⑥ 剪刀
⑦ 美工刀

 Tips

＊可以加入少许金箔、闪粉，让宝石看起来更有亮面质感。
＊记得每一个切割面都要不规则，跟平面对比才能营造出宝石的感觉。

STEPS BY STEPS

1   将 90g 石蜡放入不锈钢杯中
     称重。

2   把不锈钢杯放到加热器上，
     慢慢加热。（记得温度不能
     过高哦！）

3   记得要量温度，当温度差不
     多在 120℃左右时，可以离
     开加热器。

4   当蜡温度降至 110℃左右，
     便分别倒入 3 个小纸杯中。

5   用每一个纸杯调出不一样的
     颜色，可加入少许金箔。

STEP
6-1

STEP
7-2

STEP
6-2

STEP
7-2

6　当蜡完全凝固后，将纸杯剪开，慢慢脱模；脱模后，拿剪刀将 3 种颜色的石蜡都剪成碎块。

7　把碎块混合放入较大的纸杯中，加入一些金箔，再倒入石蜡液把碎块盖满。

8　记得要把竹签放入纸杯中，并预留出放入烛芯的位置。

9　当蜡完全凝固后再脱模处理，脱模后把竹签取出。

10　用美工刀将蜡烛表面不规则地切割成宝石形状，再穿入环保烛芯固定，即完成。

生日宝石蜡烛

♨ 水晶球摆饰

　　闪耀着光芒的水晶球蜡烛，仿佛可以从中窥探到神秘的世界，近来相当受女孩们的喜爱。

材料

✦ 果冻蜡（硬）……………………………………………………80g
✦ 金箔 ……………………………………………………………… 少许

工具

① 加热器 ② 电子秤 ③ 不锈钢杯 ④ 长汤匙 ⑤ 硅胶球状模具

 Tips

＊ 在使用果冻蜡时，切记不能使用木棒或纸杯，
　只能用钢杯，不然果冻蜡就会变得浑浊不透亮。
＊ 因为果冻蜡需要在高温时倒入，所以在制作这个作品时，我们会选择硅胶模具。

STEPS BY STEPS

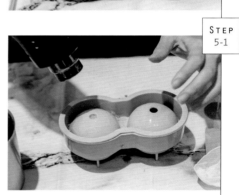

1　将 80g 果冻蜡放入不锈钢杯
　　中称重。

2　把不锈钢杯放到加热器上，
　　慢慢加热。（记得温度不能
　　过高哦！）

3　记得要量温度，当温度差不
　　多在 120℃左右时，可以离
　　开加热器。

4　加入金箔搅拌均匀，当蜡温
　　度在 130℃左右时，便可以
　　倒入模具。

5　可用热风枪加热，消除气泡。
　　当蜡完全凝固后，再脱模处
　　理。

水晶球摆饰

✿ 星球蜡烛

渐层渲染的星球蜡烛，就像在黑暗宇宙中看到闪闪发亮的地球。挑选自己喜欢的颜色，用同色系做出深浅变化的效果，会让人有耳目一新的感觉。

材料

+ 石蜡（一般）⋯⋯⋯⋯⋯⋯⋯⋯⋯⋯⋯⋯⋯⋯⋯⋯ 200g
+ 液体染料 ⋯⋯⋯⋯⋯⋯⋯⋯⋯⋯⋯⋯⋯⋯⋯⋯⋯⋯ 3 色
+ 环保烛芯 ⋯⋯⋯⋯⋯⋯⋯⋯⋯⋯⋯⋯⋯⋯⋯⋯⋯⋯ 1 个

工具

① 加热器 ② 电子秤 ③ 不锈钢杯 ④ 长汤匙 ⑤ 纸杯 ⑥ 圆形压克力模具

 Tips

※ 一定要加入少许的石蜡块才能够马上达到降温效果，才不会把预先倒入的有颜色的染料融掉。
※ 圆形模具上都会有两个卡榫，记得卡榫需要上下靠近，会比较容易打开。

STEPS BY STEPS

1   将 200g 石蜡放入不锈钢杯中称重。

2   把不锈钢杯放到加热器上，慢慢加热。（记得温度不能过高哦！）

3   记得要量温度，当温度差不多在 120℃ 左右时，可以离开加热器。

4   当蜡温度降至110℃左右时，便分别倒入 3 个纸杯中。

5   将环保烛芯穿入模具，再倒入一点点蜡液，让烛芯固定。

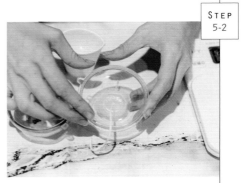

STEP 4

STEP 5-1

STEP 5-2

STEP
6-1

STEP
6-2

6   用每一个纸杯调出不一样的
     颜色，把颜色慢慢倒入模具
     后，左右摇晃，均匀地让蜡
     液流动一圈。

STEP 7-1

STEP 7-2

STEP 7-3

STEP 7-4

STEP 8

7　用其他颜色重复做法6，直到半满后，把上半圈盖起来。

8　再重复做法7，直到另外半球也都被颜色填满。

9　　把碎块石蜡倒入模具约 1 / 3
　　　高度，再倒入 110℃的石蜡
　　　液。

10　　重复做法 9 约两次后，将模
　　　具倒满，把烛芯固定。

11　　当蜡完全凝固后，进行脱模
　　　处理，将底部多余的烛芯剪
　　　掉即完成。

🔥 海洋果冻蜡烛

　　清澈透明的海洋果冻烛台，搭配着可爱的海底贝壳，可以当成房间的装饰小物。清新的风格很适合夏天。

材料

- ✦ 果冻蜡 ··· 80g
- ✦ 大豆蜡（Golden） ····················· 40g
- ✦ 蜂蜡 ··· 6g
- ✦ 沙子 ··· 适量
- ✦ 贝壳 ··· 适量
- ✦ 环保烛芯加底座 ····················· 1个
- ✦ 烛芯贴纸 ······························· 1张

工具

① 加热器 ② 电子秤 ③ 不锈钢杯 ④ 玻璃杯 ⑤ 烛芯固定器 ⑥ 船锚硅胶模具

 Tips

☀ 使用竹筷搅拌，会产生不透明的情况。
☀ 果冻蜡会产生大量气泡，必须在低温下倒入，并以低角度快速倒入。

STEPS BY STEPS

1   将底座烛芯用烛芯贴纸固定在玻璃杯正中央。

2   把适量沙子倒入玻璃杯中，再把贝壳放在沙子上做装饰。

3   将 80g 果冻蜡放入不锈钢杯中称重。

4   把不锈钢杯放到加热器上，慢慢加热。（记得温度不能过高哦！）

STEP
1

STEP
2-1

STEP
2-2

STEP
5-1

STEP
5-2

STEP
6-1

STEP
6-2

5　当蜡温度降到120℃左右时，迅速把果冻蜡液倒入玻璃杯中，等待果冻蜡完全凝固。

6　再把大豆蜡加热融化，倒入玻璃杯中，将烛芯用烛芯固定器固定。

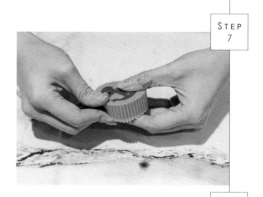

7　　拿出船锚硅胶模具，加入 6g
　　蜂蜡与少许液体染料，待干
　　脱模。

8　　把船锚硅胶模具加入半凝固
　　的大豆蜡中，等待完全凝固。

9　　再倒入第二次的大豆蜡液，
　　等待完全凝固。

海洋果冻蜡烛

♨ 水泥蜡烛

结合水泥与大豆蜡两种完全不同材质的蜡烛，风格简约又利落，喜欢工业风格的你不妨尝试看看。

材料

✦ 大豆蜡（Ecosoya）	100g
✦ 香精油	5g
✦ 环保烛芯加底座	1 个
✦ 快干水泥	100g
✦ 水	36g
✦ 烛芯贴纸	1 张

工具

① 加热器 ② 电子秤 ③ 不锈钢杯 ④ 抛弃式汤匙 ⑤ 纸杯 ⑥ 烛芯固定器

 Tips

❋ **用纸杯当模具会比较容易脱模。**

STEPS BY STEPS

1 将 100g 快干的水泥倒入一个纸杯中，加入水搅拌，用汤匙搅拌至均匀溶解。

2 拿出大纸杯把有底座的烛芯放入其中，用烛芯贴纸固定在纸杯正中央，再倒入快干水泥。

3 将 100g 的大豆蜡放入不锈钢杯中称重。

4 把不锈钢杯放到加热器上，慢慢加热至融化，倒入纸杯后加入香精油搅拌均匀。（记得温度不能过高哦！）

STEP
1-1

STEP
1-2

STEP
2

5　把纸杯以 45° 倾斜，架在纸杯与纸杯之间，等待它干后再倒入香精油。

6　用烛芯固定器将烛芯固定在纸杯正中央。

7　等待蜡完全凝固后，把纸杯剪开脱模即完成。

STEP
5

STEP
6

STEP
7

肉桂蜡烛台

做法及材料都很简单，新手也能快速学会这款蜡烛台。花个短短 10 分钟，马上就能完成一款节庆感浓厚的蜡烛台。

材料

✦ 玻璃杯	…………………………………	1 个
✦ 肉桂棒	…………………………………	半包
✦ 干燥花	…………………………………	适量
✦ 麻绳	…………………………………	1 条

工具

① 热熔枪 ② 麻绳 ③ 热熔胶 ④ 玻璃容器

Tips

☆ **热熔蜡无法完全固定肉桂棒，最后需要以麻绳绑住固定。**

STEP
1-1

STEP
1-2

STEP
2

STEPS BY STEPS

1　　把肉桂棒用热熔枪加热，黏
　　　在玻璃容器上。

2　　以高高低低穿插的方式，把
　　　肉桂棒沿玻璃容器外侧黏
　　　一圈。

3　　用麻绳固定好肉桂棒的位
　　　置。

4　　再加入喜欢的干燥花、松果
　　　做装饰即可。

◈ 杯子蛋糕蜡烛

　　造型小巧、色彩缤纷的杯子蛋糕蜡烛，就像真的点心一般可口，加上各式各样自己喜欢的甜点点缀，举办一场属于女孩们的下午茶聚会是个不错的选择。

材料

蛋糕主体材料

- 大豆蜡（Ecosoya）················ 35g
- 蜂蜡（精制过）················· 15g
- 香精油 ··························· 2.5g
- 环保烛芯加底座·················· 1 个
- 固体色素（绿色）··············· 少许

挤花奶油材料

- 大豆蜡（Nature）················ 100g
- 无水酒精 ························· 5g

工具

① 加热器 ② 电子秤 ③ 不锈钢杯 ④ 长汤匙 ⑤ 水果硅胶模具 ⑥ 杯子蛋糕硅胶模具 ⑦ 挤花嘴 ⑧ 挤花袋 ⑨ 打蛋器 ⑩ 纸杯

 Tips

＊ 因挤花要加入无水酒精，所以这款蜡烛不适合燃烧，
　 如果需要燃烧，必须等2～3个星期后，酒精挥发掉再点燃。
＊ 在冬天，无水酒精比例可以添加7％左右，夏天则建议5％左右。
＊ 因水果模具有些偏小，可以利用滴管慢慢加入模具，制作方法请参考P196。

STEPS BY STEPS

蛋糕主体蜡烛

1　将 35g 大豆蜡跟 15g 蜂蜡放入不锈钢杯中称重。

2　把不锈钢杯放到加热器上，慢慢加热。（记得温度不能过高哦！）

3　等待蜡融化后，倒入纸杯中，加入固体色素，搅拌溶解即可。

4　在环保烛芯底部沾上一些蜡，黏在模具的底部。

STEP
5-1

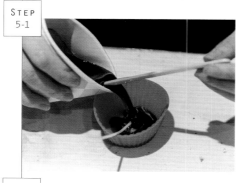

STEP
5-2

5 　直接把蜡倒入杯子蛋糕硅
胶模具中，等待完全干燥再
脱模。

STEP
4

STEPS BY STEPS

奶油挤花

1　　将 100g 大豆蜡（Nature）放入不锈钢杯中称重。

2　　把不锈钢杯放到加热器上，慢慢加热。（记得温度不能过高哦！）

3　　等待蜡液融化后，温度约在 70℃时，加入无水酒精即可。

4　　直接用打蛋器低速打匀蜡液。

5　　休息 10 分钟，再重复做法 3 和 4，直到蜡液变得比较浓稠。

STEP 6-1

STEP 6-2

STEP 6-3

STEP 6-4

6　　再把蜡液倒入挤花袋中。完成挤花材料后，再将喜欢的水果放在蛋
　　　糕主体上，最后加上一些挤花即完成。

◊ 马卡龙蜡烛

　　来自法国的传统点心马卡龙，有各种不同的颜色，是人见人爱的梦幻甜点之一。试着调出低调色感的马卡龙蜡烛，也相当讨喜。

材料

◆ 大豆蜡（Ecosoya）　　　　　　　　　　　42g
◆ 蜂蜡（精制过）　　　　　　　　　　　　18g
◆ 香精油　　　　　　　　　　　　　　　　7g
◆ 环保烛芯加底座　　　　　　　　　　　　3 个
◆ 固体色素（紫色）　　　　　　　　　　　少许

工具

① 加热器 ② 电子秤 ③ 不锈钢杯 ④ 长汤匙 ⑤ 硅胶马卡龙模具 ⑥ 竹签 ⑦ 纸杯

 Tips

＊蜡液倒入马卡龙模具时，记得要倒得鼓鼓的，这样才具有张力，
　因为蜡会收缩，才能避免马卡龙饼干太薄。
＊脱模前可以先拉一下马卡龙的周围，再从中间慢慢推出，
　记得半凝固后要加入竹签，预留出加入烛芯的位置。

STEPS BY STEPS

STEP
3

STEP
4

STEP
5

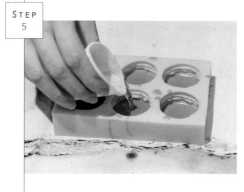

1   将 42g 大豆蜡跟 18g 蜂蜡放入不锈钢杯中称重。

2   把不锈钢杯放到加热器上，慢慢加热。（记得温度不能过高哦！）

3   等待蜡融化后，倒入纸杯后，加入固体色素及精油，搅拌均匀，溶解即可。

4   直接把马卡龙的第一层蜡液倒入模具中，等待完全凝固。

5   再把马卡龙的第二层奶油倒入模具中，等待凝固，做法参考 P182。

STEP
6

6   接着把最后一层马卡龙蜡液倒入模具中，等待完全凝固。

7   等待马卡龙半凝固后，用竹签在正中央戳一个小洞。

8   待马卡龙完全干透后，小心脱模取出，再穿入烛芯固定即可。

STEP
7

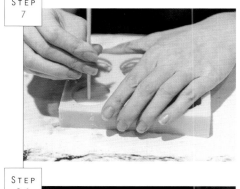

STEP
8-1

STEP
8-2

🔥 草莓塔蜡烛

可以依个人喜好，准备各种不同造型的水果或甜点来装饰。在烘焙材料行就能买到各式各样的点心模具，像是莓果类、巧克力饼干等，让草莓塔的造型更富变化。

材料

塔皮主体材料

- ◆ 大豆蜡（Ecosoya）⋯⋯⋯⋯⋯⋯ 55g
- ◆ 蜂蜡（精制过）⋯⋯⋯⋯⋯⋯ 25g
- ◆ 香精油 ⋯⋯⋯⋯⋯⋯⋯⋯⋯⋯ 4g
- ◆ 固体色素（咖啡色）⋯⋯⋯⋯ 少许
- ◆ 果冻蜡 ⋯⋯⋯⋯⋯⋯⋯⋯⋯ 10g
- ◆ 金箔 ⋯⋯⋯⋯⋯⋯⋯⋯⋯⋯ 少许

挤花奶油材料

- ◆ 大豆蜡（Ecosoya）⋯⋯⋯⋯⋯⋯ 35g
- ◆ 蜂蜡（精制过）⋯⋯⋯⋯⋯⋯ 15g
- ◆ 香精油 ⋯⋯⋯⋯⋯⋯⋯⋯⋯ 2.5g
- ◆ 固体色素（红色）⋯⋯⋯⋯⋯ 少许

工具

① 加热器 ② 电子秤 ③ 不锈钢杯 ④ 长汤匙 ⑤ 草莓硅胶模具 ⑥ 塔皮硅胶模具
⑦ 打蛋器 ⑧ 烛芯固定器 ⑨ 纸杯

 Tips

✳ 因塔皮主体非常难脱模，所以大豆蜡跟蜂蜡比例会调整为1:1。
　让蜡烛塔皮变得较硬、比较容易脱模。
✳ 加入果冻蜡来营造草莓的光泽度，色泽会比较亮丽。

STEPS BY STEPS

STEP
3-1

STEP
3-2

STEP
3-3

塔皮主体蜡烛

1　　将 25g 大豆蜡跟 25g 蜂蜡放
　　　入不锈钢杯中称重。

2　　把不锈钢杯放到加热器上，
　　　慢慢加热。（记得温度不
　　　能过高哦！）

3　　等待蜡融化后，倒入纸杯，
　　　加入固体色素和2.5g精油，
　　　搅拌均匀，溶解即可。

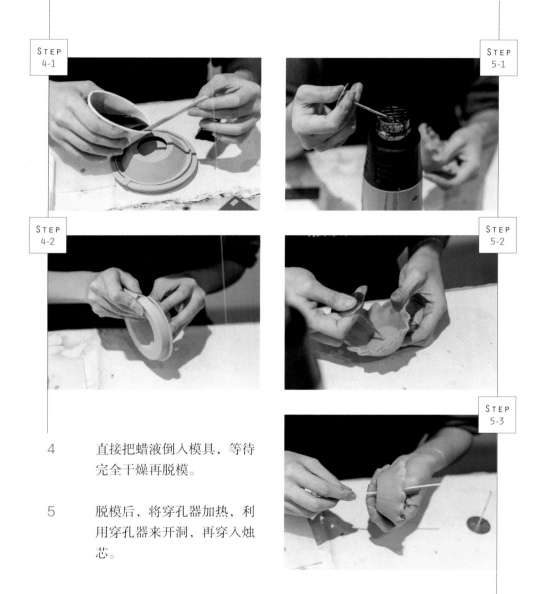

STEP
4-1

STEP
5-1

STEP
4-2

STEP
5-2

STEP
5-3

4　　直接把蜡液倒入模具，等待
　　完全干燥再脱模。

5　　脱模后，将穿孔器加热，利
　　用穿孔器来开洞，再穿入烛
　　芯。

6　将 30g 大豆蜡加热，等待融化后，加入 1.5g 精油搅拌均匀。直接倒入已脱模的塔皮填满内馅。

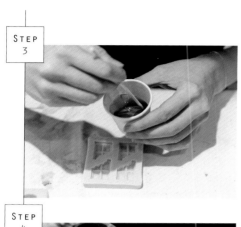

STEP 3

STEP 4

STEP 5-1

STEP 5-2

STEP 5-3

草莓蜡烛

1　将 35g 大豆蜡跟 15g 蜂蜡放入不锈钢杯中称重。

2　把不锈钢杯放到加热器上，慢慢加热。（记得温度不能过高哦！）

3　等待蜡融化后倒入纸杯，加入固体色素，搅拌均匀，溶解即可。

4　直接把蜡液倒入模具中，等待完全凝固。

5　待水果完全干透后，小心脱模取出，再轻轻放置在塔皮上。

6　最后再用果冻蜡加少许金箔，淋在草莓蜡烛上面即完成。

 果酱蜡烛

　　利用透明果冻蜡做出逼真的果酱蜡烛，搭配各种色彩鲜艳又新鲜的当季水果，就完成了美味又可口的果酱蜡烛。

材料

◆ 大豆蜡（Ecosoya）·· 70g
◆ 蜂蜡（精制过）··· 30g
◆ 果冻蜡··· 100g
◆ 香精油··· 5g
◆ 固体色素（橘色）··· 少许
◆ 环保烛芯加底座··· 1个
◆ 果酱瓶··· 1个

工具

① 加热器 ② 电子秤 ③ 不锈钢杯 ④ 长汤匙 ⑤ 硅胶水果模具 ⑥ 竹签 ⑦ 滴管
⑧ 纸杯

 Tips

＊ 因果冻蜡凝固得非常快，所以在倒入玻璃瓶时，要一层一层倒入，
　才会均匀地流动到瓶子的各个角落。
＊ 果冻蜡不建议于高温时倒入水果上方，因为大豆蜡熔点较低，
　怕果冻蜡会融掉水果表面的纹路。

STEPS BY STEPS

橘子蜡烛

1　将 70g 大豆蜡跟 30g 蜂蜡放入不锈钢杯中称重。

2　把不锈钢杯放到加热器上，慢慢加热。（记得温度不能过高哦！）

3　等待蜡融化后倒入纸杯，加入固体色素，搅拌均匀，溶解即可。

4　用滴管直接把蜡滴入模具中，等待完全凝固。

5　待水果完全干透后，小心脱模取出。

STEP
4

STEP
5

STEPS BY STEPS

STEP
4

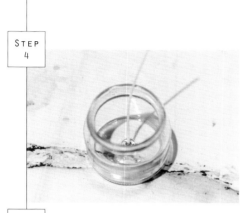

容器蜡烛

STEP
5-1

1　将果冻蜡放入不锈钢杯中称重。

2　把不锈钢杯放到加热器上，慢慢加热。（记得温度不能过高哦！）

3　记得要量温度，当温度差不多在 80 ~ 90℃时，可以离开加热器。

STEP
5-2

4　将环保烛芯加底座固定在玻璃容器的正中央。

5　把 1/3 水果放到玻璃容器中，当果冻蜡温度在 90℃左右时，便可以倒入玻璃容器里。

STEP
6-1

STEP
6-2

6　再重复做法 5，直到玻璃罐
装满为止。

果酱蜡烛

♨ 冰淇淋蜡烛

冰淇淋蜡烛是最有趣、做出来最有成就感的一款蜡烛，只要变换色彩，就像是加入了自己喜欢的口味，让冰淇淋蜡烛整体增添了许多趣味感。

材料

- ✦ 大豆蜡（Ecosoya）·· 32.5g
- ✦ 石蜡 ··· 32.5g
- ✦ 香精油 ··· 3.2g
- ✦ 环保烛芯加底座 ··· 1 个

工具

① 加热器 ② 电子秤 ③ 不锈钢杯 ④ 长汤匙 ⑤ 竹签 ⑥ 冰淇淋勺
⑦ 刮刀 ⑧ 搅拌棒 ⑨ 纸杯

 Tips

✳ 蜡如果搅拌不够均匀，就会失去冰淇淋的质感；过度搅拌会变得太凝固，
　也无法做出冰淇淋质感。如果太硬，可以放回加热器上加热，重新再搅拌一次。
✳ 如果想做出渐层感，巧克力片的质地，记得在用冰淇淋勺挖取之前，
　用竹签蘸一点儿液体染料并在蜡上画一圈，再用冰淇淋勺慢慢挖取。
✳ 记得要不断转动小竹签，凝固后才容易拔除。

STEPS BY STEPS

1　将大豆蜡、石蜡放入不锈钢杯中称重。

2　把不锈钢杯放到加热器上，慢慢加热。（记得温度不能过高哦！）

3　记得要量温度，当温度差不多在 78℃左右时，离开加热器。

4　将已融化的蜡液倒入纸杯，加入香精油，利用搅拌棒把蜡和精油搅拌均匀。

5　慢慢地用搅拌棒反复搅拌，让蜡迅速降温，使其凝固变成白色。

6　当蜡变得像冰淇淋的软硬度时就可以上色了，再用冰淇淋勺反复把蜡挖取出来。

STEP 5

STEP 6-1

STEP 6-2

STEP 6-3

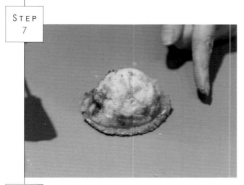

7　把像冰淇淋的蜡稍微按压
　　一下，将多余的蜡挤出，再
　　按压几下，把蜡放在桌上。

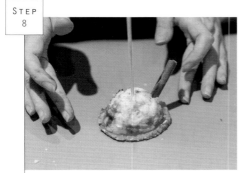

8　再用竹签插入蜡烛中央，做
　　出小孔，预留出穿入烛芯的
　　位置。

9　把像冰淇淋的蜡放进容器
　　或蜡饼皮上，让蜡烛更具真
　　实感！

🔥 作品拍照小技巧

⁝ 用手机也能拍出好商品

　　其实用手机也能拍出好商品，只要光线对，照片就成功80%了。光线最好采用自然光，任何的光都比不上自然光线。拍照时可以找靠窗边的位置，再利用阳光的折射来增加一些光线的情境感。光线可从左边或右边折射，但记得要把正上方的灯关掉，因为正上方的灯开着，会让照片出现阴影，这样照片就会不好看哦！

⁝ 摆盘与角度

　　拍照时，一定要找到合适的饰品或背景来突显成品本身的特色。饰品摆盘的颜色也应该对应到商品的颜色。我拍照的时候，经常拿杂志来当背景，因为杂志有各种色彩主题，可以按照我们的成品去找类似的页面颜色，来搭配成品拍照。而角度与构图也非常重要。在构图的时候，商品的数量控制在2～3个就好，形成一个三角构图。东西一多，就会显得比较乱和复杂，这样不容易让目光停留在成品上。所以拍摄时，打开手机的九宫格功能非常重要。用九宫格中间的4个点来布局成品的位置，这种分配方法会让整体构图主题清楚，且看起来美观舒服。